优秀技术工人
百工百法丛书

程平工作法

钴基60硬质合金真空水冷堆焊

中华全国总工会 组织编写

程 平 著

中国工人出版社

技术工人队伍是支撑中国制造、中国创造的重要力量。我国工人阶级和广大劳动群众要大力弘扬劳模精神、劳动精神、工匠精神，适应当今世界科技革命和产业变革的需要，勤学苦练、深入钻研，勇于创新、敢为人先，不断提高技术技能水平，为推动高质量发展、实施制造强国战略、全面建设社会主义现代化国家贡献智慧和力量。

——习近平致首届大国工匠
创新交流大会的贺信

优秀技术工人百工百法丛书

能源化学地质卷

编委会

序

党的二十大擘画了全面建设社会主义现代化国家、全面推进中华民族伟大复兴的宏伟蓝图。要把宏伟蓝图变成美好现实，根本上要靠包括工人阶级在内的全体人民的劳动、创造、奉献，高质量发展更离不开一支高素质的技术工人队伍。

党中央高度重视弘扬工匠精神和培养大国工匠。习近平总书记专门致信祝贺首届大国工匠创新交流大会，特别强调“技术工人队伍是支撑中国制造、中国创造的重要力量”，要求工人阶级和广大劳动群众要“适应当今世界科技革命和产业变革的需要，勤学苦练、深入钻研，勇于创新、敢为人先，不断提高技术技能水平”。这些亲切关怀和殷殷厚望，激励鼓舞着亿万职工群众弘扬劳模精神、劳动精神、工匠精神，奋进新征程、建功新时代。

近年来，全国各级工会认真学习贯彻习近平总书记关于工人阶级和工会工作的重要论述，特别是关于产业工人队伍建设改革的重要指示和致首届大国工匠创新交流大会贺信的精神，进一步加大工匠技能人才的培养选树力度，叫响做实大国工匠品牌，不断提高广大职工的技术技能水平。以大国工匠为代表的一大批杰出技术工人，聚焦重大战略、重大工程、重大项目、重点产业，通过生产实践和技术创新活动，总结出先进的技能技法，产生了巨大的经济效益和社会效益。

深化群众性技术创新活动，开展先进操作

法总结、命名和推广，是《新时期产业工人队伍建设改革方案》的主要举措。为落实全国总工会党组书记处的指示和要求，中国工人出版社和各全国产业工会、地方工会合作，精心推出“优秀技术工人百工百法丛书”，在全国范围内总结100种以工匠命名的解决生产一线现场问题的先进工作法，同时运用现代信息技术手段，同步生产视频课程、线上题库、工匠专区、元宇宙工匠创新工作室等数字知识产品。这是尊重技术工人首创精神的重要体现，是工会提高职工技能素质和创新能力的有力做法，必将带动各级工会先进操作法总结、命名和推广工作形成热潮。

此次入选“优秀技术工人百工百法丛书”作者群体的工匠人才，都是全国各行各业的杰出技术工人代表。他们总结自己的技能、技法和创新方法，著书立说、宣传推广，能让更多人看到技术工人创造的经济社会价值，带动更多产业工人积极提高自身技术技能水平，更好地助力高质量发展。中小微企业对工匠人才的孵化培育能力要弱于大型企业，对技术技能的渴求更为迫切。优秀技术工人工作法的出版，以及相关数字衍生知识服务产品的推广，将对中小微企业的技术进步与快速发展起到推动作用。

当前，产业转型正日趋加快，广大职工对于技术技能水平提升的需求日益迫切。为职工群众创造更多学习最新技术技能的机会和条件，传播普及高效解决生产一线现场问题的工法、技法和创新方法，充分发挥工匠人才的“传帮带”作用，工会组织责无旁贷。希望各地工会能够总结命名推广更多大国工匠和优秀技术工人的先进工作法，培养更多适应经济结构优化和产业转型升级需求的高技能人才，为加快建设一支知识型、技术型、创新型劳动者大军发挥重要作用。

中华全国总工会兼职副主席、大国工匠

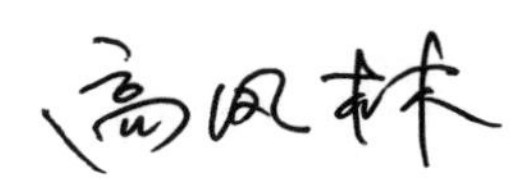

作者简介
About The Author

程　平

现任中国华能集团德州电厂焊工班班长、创新工作室带头人，高级工程师、高级技师、国家级焊接裁判，中国劳动关系学院新时代产业工人教育研究中心特聘研究员，中国职工焊接技术协会常务理事，“一带一路”金砖国家技能发展与技术创新大赛专家，中国大湾区首届焊接技能大赛裁判委员会委员，香港焊接从业协会导师，攻克国家深海探测 HB160 钛合金锭子焊接、朱雀二号发动机后摇摆软管压力提升焊接、国防新设备试验焊接、新能源风刹车卡钳机球墨铸铁受力部件焊接修复等。

曾获“全国电力技术能手”“中央企业技术能手”“山东省富民兴鲁劳动奖章”“山东省金牌职工”“齐鲁首席技师”“山东省劳动模范”“齐鲁工匠”“山东省创新达人”“齐鲁大工匠”“首届全国电力百名工匠”“中央企业大国工匠”“泰山产业领军人才”“全国技术能手”“全国五一劳动奖章”“大国工匠”等荣誉，2018 年享受国务院政府特殊津贴，2023 年 12 月 27 日被山东省委宣传部授予“齐鲁时代楷模”荣誉称号。

工/匠/寄/语

社会主义的大厦是一砖一石砌成的

人民的幸福生活是一点一滴积累起来的！

匠心筑梦！技能报国！

程平

目　　录
Contents

引 言
Introduction

本书主要介绍作者自主创新的“钴基60硬质合金真空水冷堆焊”修复技法。火力发电厂调门阀芯、阀杆结合面经过长时间高温气体、水的冲刷会产生沟槽，即使关闭后也不严密，造成调门结合面不严密。由于火力发电厂调门处于高温、高压状态下长期运行，不到检修周期时无法停机更换，这样一来就会带来机组调峰过程中的安全隐患。经过团队长时间的焊接堆焊试验，成功解决了调门结合面钴基硬质合金焊接修复难题。本工作法主要是采用真空罩，充入惰性气体，形成真空状态，与空气隔绝，消除焊接过程空气中氧气、氮气的侵入，同时形成更好的保护效果，并且加入适量清水进行均匀降温，控制不均匀加热造成的变形，利用氩弧焊枪本身出气保护进行双层保护，最终达到预期效果，自 2019 年实施修复以来，为基层（一所）电厂修复调门及精密部件节约费用 200 多万元，通过真空水冷修复比普通工艺修复质量提升了 3 倍。采用此项自主发明为航天、深海探测、国防新设备等解决了难题，取得了巨大的社会效益，获得了多个领域的高度评价。

第一讲

再热器调门在火力发电厂的重要性

一、调节阀的作用

调节阀能够控制汽轮机的转速和功率，这通常涉及改变汽轮机的进汽量和阀门的开度。这些调整可以通过不同的调节方法实现，如单阀控制和多阀控制。单阀控制涉及所有高压调节阀门同时动作，而多阀控制则是在一个循环内逐渐增加或减少单个高压调节阀门的进汽量。

二、阀门控制的任务

阀门控制负责接收来自 DEH（分散控制系统）的系统流量请求信号，并将这些信号转换成调节阀的开度指令信号。这个过程确保了机组的功率保持恒定，并在阀门切换过程中处理流量请求的变化，以避免功率波动。此外，阀门控制在系统切换过程中需要迅速响应变化，以保证系统的平稳过渡。

三、系统间的协调

火力发电厂的控制系统可以设计为允许阀门控制的无扰切换，这意味着系统能够在不同模式下灵活调整，但仍保持整体效率和性能的一致性。火力发电厂中的调节阀对于维持汽轮机的高效、安全和稳定的运行至关重要，它们不仅影响汽轮机的转速和功率，还涉及整个电厂的能量管理和优化（见图 1）。

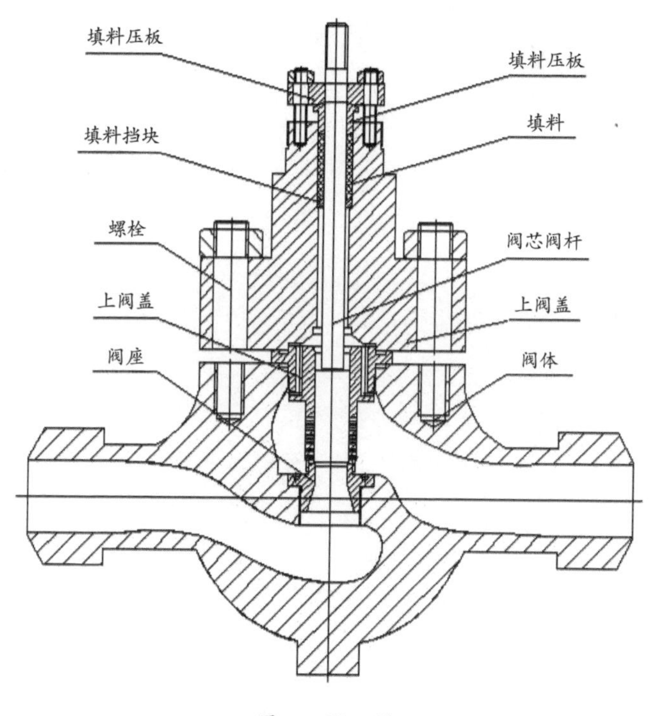

图 1　调门图

第二讲

阀门冲刷内漏对火力发电厂的影响

安全生产是火力发电厂生产工作中的重中之重，离开了安全生产，经济运行的连续性和高效性就失去了保证。阀门对于火力发电站的系统来说是必不可少的流体控制设备，当前热力系统阀门的内漏是中国火力发电厂浪费能源的主要源头，它严重影响了火力发电厂安全生产、经济运行。处理好阀门内漏问题是火力发电厂解决能源浪费最有效的途径之一。从电厂安全生产方面而言，阀门内漏将使运行中的设备无法隔离消缺，主要体现在安全措施无法执行到位，严重威胁检修人员的安全作业。例如，在给水泵检修时，要求必须放尽存水，泄压至 0MPa，给水泵的进、出口电动门必须严密关闭，如果检修人员解体阀门时系统还有压力，就会造成严重的后果。

一、阀门内漏对火力发电厂经济运行的影响

（1）汽水损失增加。阀门内漏导致机组内汽

水流失，阀门内漏个数越多，汽水损失越大。

（2）热经济性降低。经过加热、升压后的工质未经利用便被直接泄漏排到地沟或大气中。因为阀门内漏，经过加热的工作流体还没有被充分利用，就被排到地沟或大气中，直接造成能源的浪费和对大气的污染。

（3）机组效率降低。高温、高压工质未经利用，直接排入凝汽器，导致凝汽器热负荷增加，机组真空下降，汽轮机效率明显降低。例如，汽轮机蒸汽系统旁路门或疏水门内漏，对电厂的经济运行影响很大。由于阀门内漏，系统无法有效隔离，使消缺工作无法正常进行，从而被迫采取带压堵漏措施或是将设备退出备用。当发生高加钢管爆漏时，如果高压给水的入口三通阀或高压加热器出口电动门不严密，将会造成高压加热器无法彻底隔绝，从而增加机组煤耗。

（4）内漏阀门数量的增加，徒增阀门修复、研磨和更换费用。

（5）机组补给水率增大。阀门内漏导致水的流失，使机组不能正常经济运行，需要对系统进行补水，导致机组的补给水率增大。

二、阀门内漏的判定方法

使用红外线测温仪表来测量阀杆（接近阀门处）或者是阀门下方150mm处金属的温度，如温度大于70℃，那么就能确定为“内漏”。

这种判定方法适合于绝大多数内漏的阀门，然而在实际的工作中，也会存在一些例外的情况：由于一些管道安装位置的因素，导致一些阀门前、后存在一些高温流体，如高旁、低旁及高加的启动排空气门等，这样的阀门即使不泄漏，阀杆的温度依然会大于70℃。

因此，这样的阀门内漏需要用特殊的方式来判定，例如，利用对比高旁后温度与高排温度的方式，来确定高旁门是否存在内漏；利用对比低旁后温度与汽轮机低压缸排汽温度的方式，来判断低旁门是否存在内漏；通过观察高加启动排气口是否冒汽的方式，来判定高加启动排气门是否存在内漏等。

三、阀门内漏的原因

在实际生产中，造成阀门内漏的原因较多，主要有以下几个方面：

（1）阀门质量差造成内漏。不合格的阀门产品进入生产现场，或阀内件材质选型及热处理差，硬度不够，易被高速流体冲坏，导致阀门在使用过程中产生内漏。

（2）热力系统水质不合格，管道冲洗不干净造成阀门内漏。机组在启动时，特别是在调试期间，由于系统长期停运，管道内积存铁锈、积盐较多，这时应全开系统的疏放水阀门进行冲洗。

如果冲洗不彻底，铁锈等杂质就会在阀芯、阀座之间存积，阀门关闭时卡涩在阀芯底部，使阀门关闭不严造成冲刷内漏。

（3）阀门不能及时被关闭。因为机组在开机时没有按时关上疏放水阀门，导致高温高压的流体介质流经阀门，在阀门密封面处产生很大的冲击磨损力。然而，流体介质流速过大易使阀后的压力变得很小，其压力小于饱和压力，会发生汽蚀。在发生汽蚀的过程中，气泡破裂时所产生的全部能量都会集中在破裂点上，从而产生数千牛顿的冲击，比目前金属材料的疲劳损伤极限高得多，即使阀瓣和阀座的硬度极高，在很短的一段时间内也会被破坏，从而发生内漏。

（4）阀门在开启和关闭时用力过大或者在关闭时没有关到位。在开启或关闭阀门用力过大时，会引起“水击”现象，将会使阀门和管道损坏，尤其是当阀门两端的压力差比较大时，将此阀门直接全开全关，由于高压介质的冲击作用，很容易导致阀杆和阀瓣的连接处发生松动或脱落（例如，垂直安装的中压截止阀发生此现象较多），致使损坏阀门发生内漏。然而如果阀门在关闭时没有被关闭到位，阀门长期处在小开度的状态下运转，流体流动速度过快，冲击力以及介质对密封面的冲刷便会相对较大。

四、处理原则

再热器调门阀杆、阀芯冲刷后见图 2。

参考已知的材料缺陷分析结论，考虑阀体缺陷出现的原因为原始铸造缺陷在运行造成的温差应力作用下萌生裂纹并扩展。

针对阀门在实际运行过程中，铸造阀门所出现的各类缺陷，需要根据裂纹的实际情况以及严重程度，采取不同的处理方案。

根据已有的工作经验，此类缺陷一般可采取

图 2　高温气体冲刷后的阀座阀杆

以下技术方案处理：

（1）针对裂纹长度较短并且在打磨时确定深度较小的裂纹，可以在确认打磨清除缺陷并且此位置阀门的实际壁厚满足安全运行要求时，对缺陷部位与母材处进行圆滑过渡后，继续投入使用。

（2）就打磨较大深度的裂纹缺陷而言，在打磨完全清除裂纹的基础上还需要进行补焊处理。考虑到现场的热处理工作存在较大的难度，我们拟使用镍基材料对裂纹区域做异质冷补焊处理，在补焊后需要及时做渗透检验，避免产生修复缺陷，从而达到令人满意的处理效果。

（3）根据常用堆焊材料说明表 1、表 2 中各种焊材的物理性能、使用性能和焊接性，综合对比后，可采用 ENiCrFe-3/ ENiCrMo-3/ ENiCrCoMo-2 等 Ni 基焊材，此类型焊接材料比较广泛地应用于镍基合金，高温和抗蠕变钢、耐热钢、低温钢和异种钢的焊接，并且也在低合金钢修复中得到应用。其允许的工作温度范围能够满足机组主蒸汽温度要求，并且具有较低的热膨胀系数，在受到交变热作用时，可减小阀门补焊部分的组织应力。

（4）常用堆焊材料说明

使用 NiCrFe-3 焊丝进行氩弧焊修复，修复后进行机械加工、研磨，运行一段时间后效果不达标，其硬度达不到标准。团队经过多次讨论进行技术攻关，采用钴基 60 硬质合金焊丝（SG1296）进行堆焊。

表1 （堆）D507焊材部分说明

D507阀门堆焊	符合GB EDCr–A1–15
说明	D507是低氢钠型药皮的1Cr13阀门堆焊焊条，采用直流反接。堆焊金属为1Cr13半铁素体高铬钢。堆焊层具有空淬特性，一般不须进行热处理，硬度均匀，亦可在750~800℃退火软化，当加热至900~1000℃空冷或油淬后，可重新硬化。
用途	这是一种通用性的表面堆焊用焊条，用于堆焊工作温度在450℃以下的碳钢或合金钢的轴及阀门等。
熔敷金属化学成分（%）	C、S、P、Cr、其他元素总量保证值分别为≤0.15、≤0.030、≤0.040、10.0~16.0、≤2.50。堆焊层硬度：（焊后空冷）HRC≥40。
焊条直径（mm）参考电流（DC+）	ϕ2.5、ϕ3.2、ϕ4.0、ϕ5.0焊接电流分别为（A）50~8080~120、120~160、160~200。

表2 NiCrFe–3焊材部分说明

NiCrFe–3	镍基
说明、用途	碱性药皮合金焊条，用于焊接镍基合金、高温和抗蠕变钢、耐热钢和低温钢、异种钢的焊接。 适用工作温度–196℃至+650℃的压力容器制造。
金属化学成分（%）	Cr 13.8、Mn 6.97、Fe14.30、Ni 63.41

第三讲

再热器调门高压、高温冲刷
内漏真空堆焊修复法

我们团队调查发现，火力发电厂高压调门经常开启关闭冲刷造成内漏，降低了火力发电厂热效率及控制系统流量，如果更换调门则要耗费一定的人力、物力、财力，经常更换也会造成管子原始焊口周围产生淬硬性带来安全隐患，而一般材质堆焊修复也达不到组织稳定性能；经过长期在真空罩内反复进行硬质合金真空水冷焊接堆焊试验，取得了有效的实验数据，用于阀芯、阀杆真空冷焊修复取得良好的效果，节约了大量资金。

一、焊接准备

（1）焊接设备：HB–3200 型智能精密冷焊机（见图 3）。

（2）焊接材料：NiCr Fe-3 直径 2.4mm、SEALEG SG1296 直径 2.7mm。

（3）氩气：99.99% 高纯氩。

图 3　HB-3200 型智能精密冷焊机

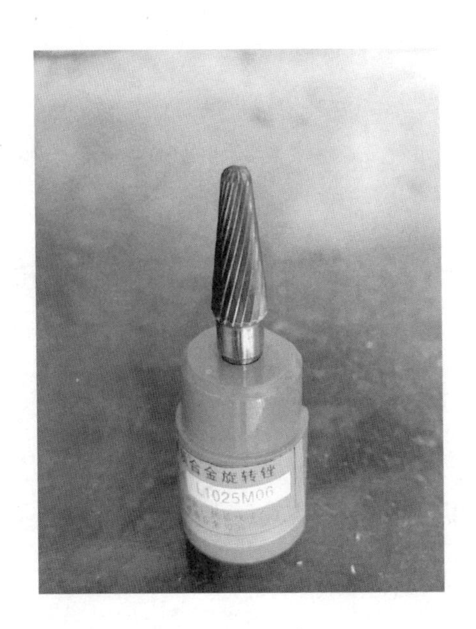

图 4 圆锥形磨头

（4）圆锥形磨头（见图4）。

（5）电磨、双头充氩表。

（6）防护平光镜。

（7）焊接方法：141（手工氩弧焊）。

发电机组每年进行计划检修，在检修过程中应根据要求对所有经常操作的调门进行解体检查，解体后发现多数调门阀芯、阀座冲刷严重，如果更换则需要大量资金和焊接工作量，团队根据该情况成立了堆焊工作小组进行攻关，传统堆焊方法为手工电弧焊，使用（堆）D507焊条。实验结果：由于焊条飞溅大，焊后硬度达不到要求，最终放弃了此方法。

二、硬度测试分析

由于硬质合金（HB）硬度焊接后达到300以上（见图5），在焊接堆层中普通钢材为HB硬度110左右（见图6）。

两者相差太大，热膨胀系数差别大，焊接试验过程中出现了脱层现象。围绕这个课题，团队又进行了多次试验，在普通中碳钢冲刷损坏处使用 NiCrFe-3 堆焊约 1.0mm 的过渡层，再进行钴基 60 硬质合金焊丝堆焊，这样一来，不仅增加了亲合力，效果也基本上达到了要求（见图 7）。

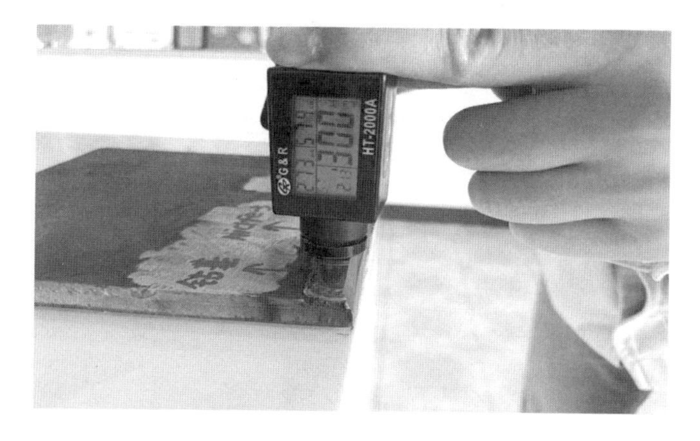

图 5　硬质合金焊接后硬度测试

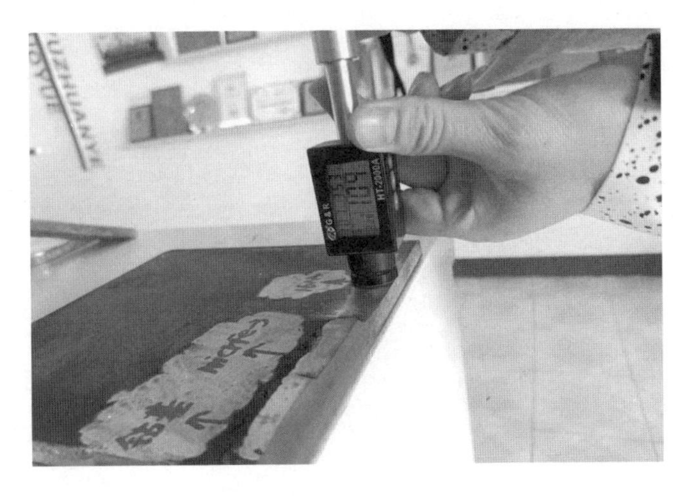

图 6 普通钢材硬度测试

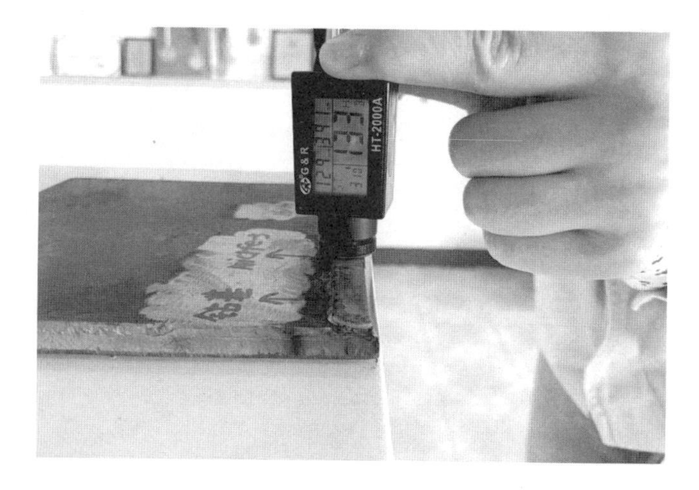

图 7　堆焊硬度测试

第四讲

影响金属材料焊接性的因素及对策

钴基60硬质合金焊丝焊接后易发生氧化现象，因此在焊接过程中，常采用氩气或二氧化碳等惰性气体对焊接区域进行保护，以避免发生氧化反应。但是，如果气体流量不足或不均匀，以及空气中湿度大，就会使一些区域暴露在空气中，导致被氧化（见图8）。

影响金属材料焊接性的因素很多，主要有金属材料、结构设计、工艺措施、服役环境四个方面。焊接性取决于母材和焊缝金属的化学成分、焊接结构和焊接接头的设计、焊接方法、焊接工艺等的综合性能。

一、材料因素

材料因素是指母材本身和焊接材料，包括材料的化学成分、冶炼轧制状态、热处理、组织状态和力学性能等。

焊接材料如焊条电弧焊时的焊条，埋弧焊时

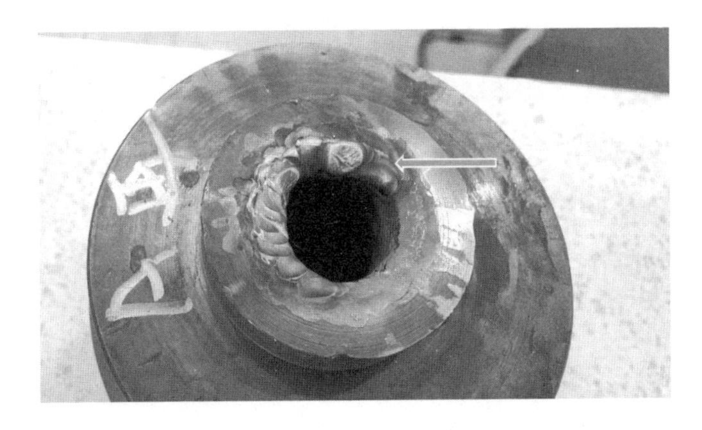

图 8　氧化及收弧裂纹

的焊丝和焊剂，氩弧焊时的焊丝和保护气体等。在焊接过程中，母材和焊接材料直接参与熔池或熔合区的冶金反应，对焊接性和焊接质量有重要影响。当母材或焊接材料选用不当时，就会造成焊缝成分不合格，力学性能和其他性能降低，甚至会出现裂纹、气孔、夹渣等焊接缺陷，也就会使焊接工艺性变差，因此必须正确选择。

在母材方面，化学成分影响最大。如钢材只是依靠合金元素来实现固溶强化，一般情况下，在焊接过程中最易使焊缝金属、热影响区以及母材有良好的匹配性能。如果钢材为较复杂的合金系，并通过热处理、变形加工等方式实现强化，则不易获得与母材完全匹配的焊缝金属。对钢来说，影响焊接性较大的元素有C、P、H、S、O、N等，合金元素中的Mn、Si、Cr、Ni、Mo、Ti、V、Nb、Cu及B等，都有可能在不同程度上增加焊接接头的淬硬倾向和裂纹敏感性。一般来说，钢材的焊接性将随含碳量和合金元素含量的增加而恶化。

冶炼方法、轧制工艺及热处理状态等，也都在不同程度上影响焊接性。现在的 CF 钢（抗裂钢）、Z 向钢、TMCP 钢（控轧钢）等，都是通过精炼提纯、控制轧制工艺等手段来提高材料的焊接性的。

二、结构因素

结构因素有焊接结构和焊接接头的形式、刚度、应力状态等，这些将影响接头的力学性能或产生焊接缺陷。

对于体积和重量有要求的焊接结构，设计中应选择强度比较高的材料（如轻合金材料），以达到缩小体积、减轻重量的目的。对体积和重量无特殊要求的焊接结构，选用强度等级较高的材料也有其技术经济意义，这样可以减轻结构自重，节约母材和焊材，避免大型结构吊装和运输上的困难，并且能提高承载能力。

焊接接头的结构设计会影响应力状态，从而对焊接性产生影响。在设计时应使接头处的应力处于较小的状态，能够自由收缩，这样有利于减小应力集中和防止焊接裂纹。要尽量避免接头处缺口、截面突变、对过高过大、交叉焊缝等容易引起应力集中的问题；也要避免不必要的增大母材厚度或焊缝体积而产生多向应力。

焊接热源特点、功率密度、线能量等工艺参数会直接决定接头的温度场和热循环，从而对焊缝及热影响区范围大小、组织变化和产生缺陷的敏感性等有明显的影响。比如，采用焊前预热和焊后缓冷可降低接头的冷却速度，可以降低接头的淬硬倾向和冷裂纹敏感性。选择合理的焊接顺序可以改善结构的约束程度和应力状态。采用氩弧焊等焊接方法可使焊接区保护严密，减少合金元素烧损，获得满意的接头性能等。

三、工艺因素

工艺因素包括施工时所采用的焊接方法、焊接工艺规程（如焊接热输入、预热、焊接顺序等）、焊后热处理等。

对于同一种母材，采用不同的焊接方法和工艺措施，所表现出来的焊接性有很大的差异。例如，铝及其合金用气焊较难焊接，但用氩弧焊就能取得良好的效果；钛合金对 O、H、N 极为敏感，用气焊和焊条电弧焊不可能焊好，而用氩弧焊或电子束焊就比较容易焊接。因此，发展新的焊接方法和新工艺是改善工艺焊接性的重要途径。

焊接方法对焊接性的影响首先表现在焊接热源能量密度、温度以及热输入上；其次表现在保护熔池及接头附近的方式上，如渣保护、气体保护、渣－气联合保护、真空中焊接等。对于有过热敏感性的高强度钢，从防止过热角度来看，可选用窄间隙气体保护焊、脉冲电弧焊、等离子弧焊等，有利于改善其焊接性。

最常见的工艺措施是焊前预热、缓冷、焊后热处理，这些工艺措施对防止热影响区淬硬变脆、减小焊接应力、避免氢致冷裂纹等是有效的措施。合理安排焊接顺序也能减小应力和变形，原则上应使被焊工件在整个焊接过程中尽量处于无拘束而自由膨胀和收缩的状态。焊后热处理可以消除残余应力，也可以使氢逸出而防止延迟裂纹。另外，焊前对金属材料的气割、冷加工、装配等工序应符合材料的特点，以免造成局部硬化、脆化、应力集中而引起焊接裂纹等缺陷。

四、环境因素

环境因素是指焊接结构的工作温度、负荷条

件（如载荷种类、作用方式、速度等）和工作介质等。

焊接结构服役的环境多种多样，在高温环境下工作的焊接结构，要求材料具有足够高的高温强度、良好的化学稳定性与组织稳定性、较高的蠕变强度等；在常温下工作的焊接结构，要求材料在自然环境下具有良好的力学性能；工作温度低或受冲击载荷时，要特别注意材料在最低环境温度下的性能，尤其是冲击韧性，以防止低温脆性破坏。对于承受载荷的构件，要求材料有较好的动态断裂韧性和吸振性。工作介质有腐蚀时，要求焊接区具有耐腐蚀性。在核辐射环境下工作的焊接结构，由于中子辐射的作用，会导致材料屈服点提高，塑性下降，脆性转变，温度升高，韧性下降，使材料出现辐照脆性。较高的硬度会增加金属材料的脆性，从而降低其焊接性能，导致焊接性不好，在无任何保护下焊接降低了焊缝的质量，对于焊接SG1296材质保护效果不好，不但氧化焊后颜色成蓝色或金黄色，且收弧处有裂纹及缩孔。使用传统焊枪和高频焊枪的效果相差不大，更换滤网焊枪嘴也解决不了此问题。创新团队经过几十次的堆焊试验没能解决这个氧化问题，硬度上不去，后来通过反复研究和多次交流探讨，发现主要原因就是在金属熔化形成熔池后保护不好，氧气接触过多以及受空气中湿度、杂质的影响很大。

五、制订对策

为此焊接团队设计了一款有机透明真空罩，在整个焊接空间形成一个均匀的惰性气体空间，与空气隔绝。其优点是减少氧化与污染。因为不在真空环境中，材料往往容易受到空气中的氧气和其他气体的污染。而氩气作为一种惰性气体，可以有效隔离空气，减少材料与氧气的接触，从而可以避免或降低材料的氧化程度。同时，氩气还可以清除材料表面的其他气体和杂质，确保材料的纯净度，将钨极、电弧、焊丝、熔池、被焊件全部保护起来不与空气接触，防止氧化和吸收有害气体，从而形成质量更好的焊接接头。没有了合金元素氧化烧损带来的一系列问题，可使电弧更加稳定地燃烧。焊接团队最终设计的真空罩为半圆球形状，将真空罩扣在大小相同、直径约 700mm 的大盆上，将周围用透明胶带密封（防止惰性气体快速排出），形成一款透明的容器，将有机透明真空罩两侧开直径为 12cm 的圆孔，方便焊工双手伸入进行施焊，在圆孔附近开直径为 12mm 的小型圆孔，利用氩气管扎入孔内，充入惰性气体（见图 9）。

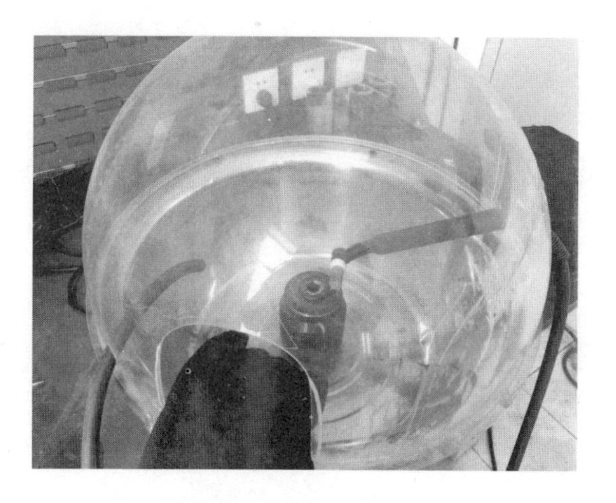

图9　真空水冷罩

第五讲

真空堆焊过程及效果检验

一、操作过程

1. 阀芯打磨

将磨损的阀芯结合面使用钢磨头进行打磨，把原有的硬质合金结合面全部挖除，并在挖除硬质合金的基础上继续下挖 1mm 左右深度。注意在使用钢磨时一定要根据调门原有的坡度进行打磨挖除，以方便后期堆焊。继续下挖 1mm 左右，这个深度是为了使用 NiCrFe–3 堆焊约 1mm 的过渡层（见图 10、图 11）。

2. 疑问解答

使用堆焊过渡层的原因有三点，一是提高焊接接头的强度和韧性。过渡层能够提供金属接头所需的化学成分和物理特性，使得焊缝与母材具有较好的结合性和耐腐蚀性。此外，过渡层还能增加焊接接头的强度和韧性，增加两种不同金属的亲合力，使之更加耐用。二是减少裂纹和变形的风险。过渡层的另一个重要作用是减少裂纹和

图10 打磨件与电磨角度

图 11　打磨后的阀座

变形的风险。在焊接时，过渡层具有较好的抗裂性和抗变形性能，可以有效控制焊接过程中的变形和裂纹的发生。三是降低气孔的产生，焊接时，气孔的产生是一个很常见的问题。过渡层的使用可以有效减少气孔的产生，提高焊接接头的成形率。

3. 焊前修复准备

将打磨好的调门阀芯使用丙酮或酒精擦拭，清理干净后放入真空罩内部，在焊接过程中将盆中加入适量的水，水位到调门阀座 2/3 部位为宜，使用透明胶带将真空罩和大盆之间密封，防止焊接操作时真空罩滑落，造成惰性气体瞬间流失（双手伸入操作孔不需要密封，原因是不要形成正压，氩气在真空罩内充满后可在孔洞内自行流出）。焊接前提前将氩气带子一端（惰性气体）冲入透明真空罩事先预留的 12mm 小型圆孔内（见第四讲图 9），充入真空罩内的氩气流量为 5~6mL，充入氩气约 1min 后用打火机测试，当打火机无法打火时说明透明罩内已充满惰性气体。这时焊接人员先进行 NiCrFe-3 堆焊约 1mm 的过渡层，首先将镍基直径为 1.6mm 的焊丝截断为长度 30cm 左右，方便在受限空间内灵活使用。氩弧焊枪使用短头枪帽，便于灵活操作，焊接设备采用 HB-2300 智能精密冷焊机。由于焊接位置在真空罩内部，施焊时空间受限，双手配合要紧密，保持稳定性和准确性；送丝准、均匀，高低差控制得越小越好；起弧与收弧要特别注意，防止未熔合和收弧裂纹产生；填送焊丝时注意要在打磨面上部送入焊丝，下拉焊枪到底部。

为防止温度过高可采用分段焊接，当过渡层焊接完毕后，在真空罩内取出阀芯底座自然冷却到室温，然后需用电磨对其打磨修复平整，尤其是接头收弧处打磨平滑，为下一层堆焊钴基 60 硬质合金打好基础。

4. 焊接过程

钴基 60 硬质合金堆焊，堆焊前将调门底座放入真空罩内打开充氩装置，充入氩气约 1min 后用打火机测试；当打火机无法打火时说明透明罩内已充满惰性气体，准备施焊，焊接设备同上，焊接电流 65~70A，将硬质合金焊丝截断为长度 20cm 左右。由于钴基 60 硬质合金焊接材料通过高温形成液态时非常黏稠，黏稠程度高以致无法分辨熔池，给焊接操作带来很大的难度。所以采用下拨拉焊接手法，自上而下，焊丝在焊接位置的上方熔化，熔化后控制焊枪的右手往下拉，使熔化的液态金属自然地形成焊肉，铺敷在修复面上，整个调门阀芯底座分 4 次焊接完成，焊接起弧位置应在 12 点钟方向，由 12 点钟方向焊接到 9 点钟方向，然后转动底座将 9 点钟方向转动到 12 点钟方向再进行焊接，依此类推，最终形成 4 个接头。在最好的位置，能够控制好焊接接头质量，防止接头脱节或者接头过高，为后期机械加工提供好的基础，堆焊的钴基 60 硬质合金厚度为 1~1.5mm（见图 12）。

取出被焊件，用石棉布包好缓慢降温，降到室温后进行后续机械加工、机械研磨，此方法进行拉伸、冲击、弯曲试验，均达到一定标准。焊补修复后的阀芯、阀杆（见图 13）须机械加工，再进行最后的手工研磨，主要是研磨工作比较耗费时间。创新团队根据调门阀芯阀杆修复研磨问题召开了现场分析会议，提出设计一款机械调速式研磨机，经过几次团队攻关，设计了一款立式再热器调门阀芯、阀杆调速研磨机（见图 14）。

5. 机械研磨

研磨机为弹性底座、固定装置、支柱、电机、控制调速器及连接装置，将机械加工好的阀座放入固定装置内，使用铸铁母杆作为研磨器具，启动控制调速开关进行机械研磨，底部弹簧

图 12　堆焊后的阀芯底座

图 13　修复后的阀杆与阀芯

图 14　立式再热器调门阀芯、阀杆调速研磨机

底座有弹性装置，在转动研磨时给一个向上的均匀力，铸铁研磨杆为向下的力，这样起到机械转动研磨的均匀性。研磨通过控制调速器进行调节，机械加工完成后将阀座固定在研磨机械上，涂抹研磨膏，初磨时尽量低转速运行，每分钟15~20圈。后期根据实际研磨情况可进行加速研磨。结合面研磨主要涉及对两个或多个接触面的精确加工，以确保它们能够紧密配合、减少摩擦和防止泄漏。在机械、汽车、航空航天等领域中，结合面研磨是一项关键工艺，对设备的性能和寿命有着直接影响。

6. 结合面手工研磨的步骤

（1）准备工作：清洁和检查待研磨的表面，确保没有杂质和损伤。选择合适的研磨工具和磨料，根据材料的硬度和粗糙度确定研磨参数。

（2）粗研磨：使用较粗的磨料进行初步研磨，以去除表面的不平整和较大的凸起。这一步的目标是快速降低表面的粗糙度。

（3）精研磨：换用较细的磨料进行精细研磨，进一步降低表面的粗糙度，并提高表面的平整度。这一步需要更加细致和耐心，以确保达到所需的精度和光洁度。

（4）检查和调整：使用测量工具检查研磨后的表面质量，包括平整度、粗糙度和配合间隙等。如果未达到要求，需要继续研磨或调整研磨参数。

（5）清洗和涂覆：清洗研磨后的表面，去除磨料和研磨过程中产生的杂质。根据需要，可以在表面涂覆一层保护剂或润滑剂，以提高表面的耐磨性和抗腐蚀性。

7. 研磨过程中的注意事项

（1）保持研磨工具的锋利和清洁，以提高研磨效率和质量。

（2）控制研磨速度和力度，避免对表面造成过度损伤或变形。

（3）定期检查研磨参数和表面质量，及时调整和优化研磨工艺。

结合面研磨需要一定的专业技能和经验，建议由专业的技术人员进行操作。同时，根据具体的应用场景和需求，还可以结合其他加工方法和技术，以达到更好的效果。

二、效果检验

这项真空水冷堆焊工艺适用于火力发电厂再热器调门、安全阀阀芯结合面、调速调门阀杆等修复工作，经过长时间运行取得了长期高温高压冲刷现场的实验认证性，大大提高了阀门的严密性，可为火力发电厂每年节约 40 多万元费用。创新工作室首创真空水冷堆焊修复工艺，近年来成功解决了国家深海探测 PB160 钛合金锭子的焊接、火箭发动机后摇摆软管焊接、国防新型设备试验焊接、火力发电厂调门阀芯底座修复以及精密部件焊接修复等工作，为企业高质量发展贡献了巨大力量，同时解决了高压调门结合面修复的“卡脖子”难题，见图 15~ 图 18。

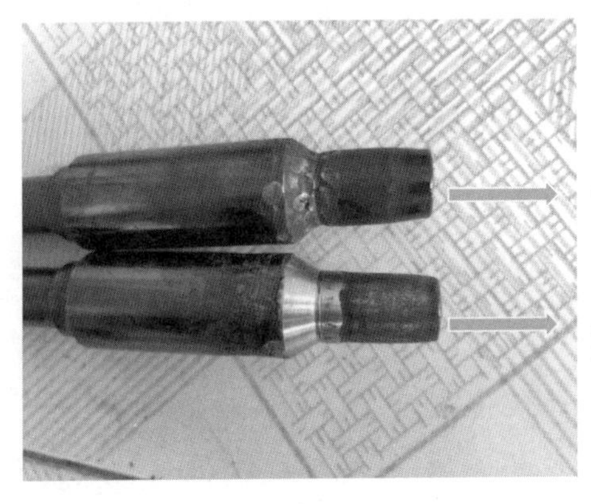

图 15　修复对比

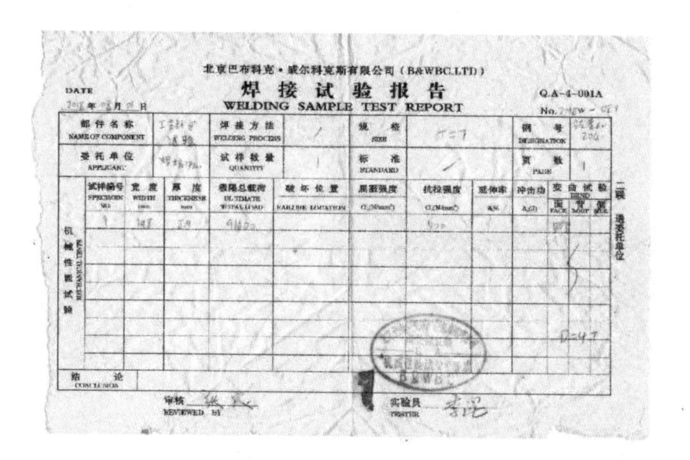

北京巴布科克·威尔科克斯有限公司（B&WBC.LTD）

焊接试验报告

WELDING SAMPLE TEST REPORT

DATE 年 月 日

Q.A-4-001A

No.

部件名称 NAME OF COMPONENT		焊接方法 WELDING PROCESS	/	规格 SIZE		钢号 DESIGNATION	
委托单位 APPLICANT		试样数量 QUANTITY	1	标准 STANDARD	/	页数 PAGE	1

机械性能试验 MECHANICAL TESTS	试样编号 SPECIMEN NO.	宽度 WIDTH mm	厚度 THICKNESS mm	极限总载荷 ULTIMATE TOTAL LOAD	破坏位置 FAILURE LOCATION	屈服强度	抗拉强度	延伸率	冲击功 A(J)	弯曲试验 BEND 面 FACE	背 ROOT	侧 SIDE
	1											

结论 CONCLUSION	

审核 REVIEWED BY

实验员 TESTER

二联 送委托单位

图 16 焊接试验报告

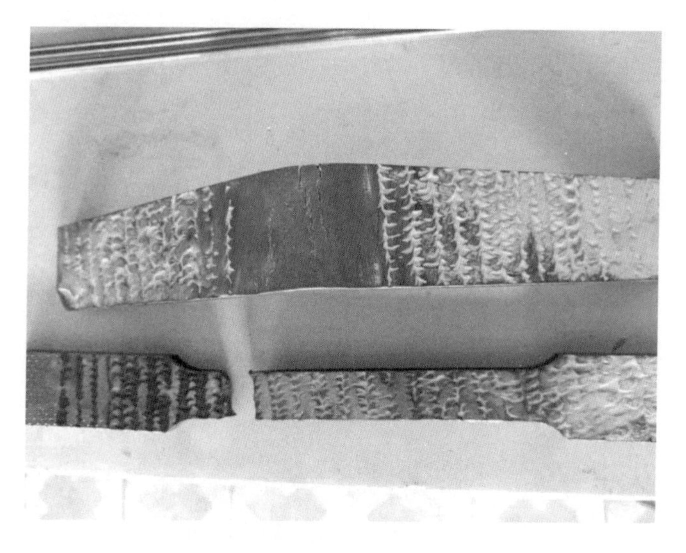

图 17 拉伸与弯曲试验

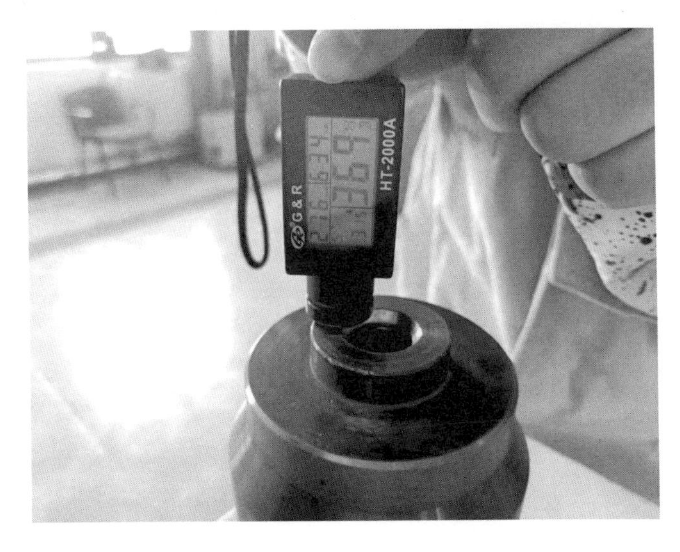

图 18　修复后硬度测试

第六讲

真空水冷堆焊的优点

真空水冷焊接特别是真空堆焊技术，在多个方面展现出显著的优势。

（1）高合金耐热钢焊接质量高：真空焊接在真空或惰性气体的保护下进行，可以有效避免氧化或其他污染物质对焊缝的影响，降低焊接材料中的氢含量，确保焊缝的高质量。这种环境下焊件受热均匀，使焊接部件贴合紧密，不易出现焊件开缝、滑落等现象，大大提高了焊接行业的效率。

（2）焊件精度高、寿命长：由于真空焊接的稳定性良好，所焊接的焊件焊缝密度与平整度均达到优秀水平。这有助于显著提高焊件的精度和精度保持性，延长焊件的使用寿命。

（3）对环境友好：真空焊接在纯真空密封环境下进行，确保了焊接过程的绝对清洁。因此，焊接结束后得到的焊件具有平整度高、不含焊渣、无气孔及砂眼的卓越特点，不会对环境造成污染。

（4）适用性强：真空焊接具有较高的可扩展性，可以应用于多种材料和形状的焊接，显示出良好的适用性和灵活性。特别是在电气仪表、国防、汽车、轮船以及3C电子、超算和工控服务器等领域的液冷散热部件制造中，真空堆焊技术因其能制造密集水道、能量产、效率高的优势而被广泛应用。

（5）快速冷却：水的高热传导性能使焊缝迅速冷却，从而加快了焊接过程中的凝固速度。这有助于减小焊缝的晶粒尺寸，进而提升焊缝的硬度和强度。

（6）减少热影响区：冷却可以有效降低焊接过程中热影响区的温度。热影响区是焊接过程中受热但未熔化的区域，其性能通常较差。通过水冷却，能够减少热影响区的尺寸，从而提升焊缝的整体性能。

（7）防止氧化：特殊钢材在焊接时容易受到氧化的影响，形成焊缝表面的氧化物。而采用水冷却可以有效减少与氧气的接触，降低氧化的可能性，保护焊缝的质量。

（8）控制变形：焊接过程中，由于热膨胀和收缩，焊接件可能会发生变形。水冷却可以迅速降低焊缝的温度，有助于减少焊接件的变形，维持其形状和尺寸的稳定性。

综上所述，真空水冷焊接，特别是真空堆焊技术，在焊接质量、焊件精度和寿命、对环境友好性以及适用性等方面均表现出显著的优势，使其在多个行业领域具有广阔的应用前景。

后 记

大力弘扬劳模精神、劳动精神、工匠精神，加快高质量发展以及推动创新工作，共同构成了我国当前和未来发展的核心动力之一，对于提升国家竞争力、实现经济转型升级具有重要意义。

首先，弘扬劳模精神、劳动精神、工匠精神是提升国家软实力的重要手段，即以爱岗敬业、争创一流、艰苦奋斗、勇于创新、淡泊名利、甘于奉献为核心的精神。这种精神不仅是劳动者的优秀品质，更是推动社会进步的重要力量。通过弘扬劳模精神、劳动精神、工匠精神，可以激发广大劳动者的积极性和创造力，提升整个社会的劳动效率和质量，进而推动经济社会的持续健康发展。

其次，高质量发展是新时代我国经济发展的基本特征。高质量发展强调经济增长的稳定性、发展的均衡性、环境的可持续性和社会的公平性。这需要我们在推动经济发展的过程中，注重创新驱动、优化产业结构、提升产品质量和服务水平，以实现经济社会的全面协调可持续发展。

最后，创新工作是推动高质量发展的关键动力。创新是引领发展的第一动力，是建设现代化经济体系的战略支撑。通过加强科技创新、制度创新、管理创新等多方面的创新工作，可以不断提升我国的科技实力和产业竞争力，为高质量发展提供源源不断的动力。

在弘扬劳模精神、劳动精神、工匠精神，加快高质量发展以及推动创新工作的过程中，我们需要注重以下几点：一是要加强宣传教育，让三个精神深入人心，成为广大劳动者的自觉追求；

二是要深化改革开放，为高质量发展和创新工作提供制度保障；三是要加强人才培养和引进，为创新提供坚实的人才支撑；四是要加强国际合作与交流，借鉴先进的经验和技术，推动我国经济社会的快速发展。

弘扬劳模精神、劳动精神、工匠精神，加快高质量发展以及推动创新工作是相互关联、相互促进的。只有将它们有机结合起来，才能推动我国经济社会的持续健康发展，实现中华民族伟大复兴的中国梦。

程平

2024年5月

图书在版编目（CIP）数据

程平工作法：钴基60硬质合金真空水冷堆焊 / 程平著. -- 北京：中国工人出版社，2024.6. -- ISBN 978-7-5008-8471-2

Ⅰ. TG44

中国国家版本馆CIP数据核字第2024CS2837号

程平工作法：钴基60硬质合金真空水冷堆焊

出 版 人　董　宽
责任编辑　魏　可
责任校对　张　彦
责任印制　栾征宇
出版发行　中国工人出版社
地　　址　北京市东城区鼓楼外大街45号　邮编：100120
网　　址　http://www.wp-china.com
电　　话　（010）62005043（总编室）
　　　　　（010）62005039（印制管理中心）
　　　　　（010）62379038（职工教育编辑室）
发行热线　（010）82029051　62383056
经　　销　各地书店
印　　刷　北京市密东印刷有限公司
开　　本　787毫米×1092毫米　1/32
印　　张　3
字　　数　34千字
版　　次　2024年8月第1版　2024年8月第1次印刷
定　　价　28.00元

本书如有破损、缺页、装订错误，请与本社印制管理中心联系更换

优秀技术工人百工百法丛书

第一辑 机械冶金建材卷

优秀技术工人百工百法丛书

第二辑　海员建设卷